MONOGRAPHIE DU LION

Toulouse, typographie RIVES & FAGET, rue Tripière, 9.

MONOGRAPHIE
DU LION

PHYSIOLOGIE NOUVELLE

MÉMOIRE

ADRESSÉ A L'ACADÉMIE DES SCIENCES

ET DÉDIÉ

A Son Altesse le Muschir SI-SADOCK

PACHA, DEY DE TUNIS.

> La vérité n'a point besoin de parure, son langage n'en exige point ; il suffit qu'elle soit racontée avec toute l'exactitude qui la caractérise.
>
> X...

TOULOUSE
LIBRAIRIE CENTRALE — A. ARMAING
Rue Saint-Rome, 44

1865

A SON ALTESSE

Le Muschir Si-Sadock

Pacha, Bey de Tunis.

ALTESSE SÉRÉNISSIME,

Je me permets d'adresser à l'Académie des Sciences de Paris un modeste travail sur les mœurs du lion, et de lui suggérer un plan de destruction à réaliser contre ce ravageur de toutes les contrées voisines de son repaire.

J'ai cru faire acte d'affectueuse sympathie et de loyal dévoûment envers les tribus de la Régence de Tunis, limitrophes des possessions dévastées, en plaçant mon *Mémoire* sous l'égide de votre influente protection.

Les peuples qui se transforment et qui veulent, à quelque

race ou croyance qu'ils appartiennent, travailler de concert à la marche du progrès sont heureux de se tendre la main de tous les points où ils se trouvent et d'attirer les éléments épars des humbles découvertes au centre commun de la civilisation.

La vraie civilisation a son unique source en Dieu, et Dieu est le protecteur par excellence de toutes les races et de toutes les sociétés.

Je suis avec un profond respect,

de votre Altesse Sérénissime,

le très humble et très dévoué serviteur,

BERGÉ
Prêtre,
des Missions d'Afrique.

MONOGRAPHIE DU LION

PHYSIOLOGIE NOUVELLE

A Messieurs les Membres de l'Académie des Sciences.

> La science, de sa nature, est nécessairement réelle et solide ; où cesse la démonstration et la certitude, elle cesse également ; fruit de l'expérience, elle n'avance qu'autant qu'elle est guidée par le flambeau de la vérité.
>
> BORY DE SAINT-VINCENT,
> *de l'Académie des Sciences.*

MESSIEURS,

Avant de me déterminer à vous adresser le travail que j'ai l'honneur de soumettre à vos hautes lumières, j'ai dû plus d'une fois hésiter, en songeant à la grave responsabilité que j'assumais sur moi.

Il ne m'a fallu donc rien moins que la plus ferme conviction de vous intéresser par quelques études rapides sur le sujet que j'ai entrepris, pour oser attendre de votre part l'accueil dont vous honorez toujours les pensées utiles à la science et à ses progrès.

En me voyant agir loyalement dans cette pensée, sans laisser la place d'un soupçon à aucun sentiment d'intérêt personnel, vous comprendrez facilement, dans toute son étendue, le but de cet humble mémoire.

La chasse au lion a été plus souvent transformée en poétiques légendes qu'en récits sévèrement véridiques; de là, une foule de fausses opinions, un ensemble incomplet d'études superficielles sur une matière si intéressante pour l'histoire naturelle.

Pour moi, Messieurs, je me suis interdit toute exagération, toute licence d'imagination et d'enthousiasme. Je dis froidement la vérité que j'ai recueillie avec confiance ; je donne gratuitement le résultat de mes études attentivement élaborées, dans l'intention de les rendre dignes de l'illustre corps dépositaire des trésors de la science.

Pour l'homme sincèrement chrétien, la science n'est pas une fille plus ou moins enrichie du temps, des circonstances et des lieux. Sans contester tout ce que lui ont donné les efforts de l'intelligence humaine, convenons, Messieurs, qu'elle est avant tout fille de Dieu, l'expression palpable de sa souveraine puissance, la matière infiniment féconde à l'accomplissement de ses vues et de ses desseins.

En effet, toutes les sciences n'ont et ne sauraient avoir d'autre point de départ, d'autre point d'arrivée que Dieu.

Dans le champ infini qu'enveloppe l'immensité de leurs chaînes diverses, le premier et le dernier anneau sont toujours en Dieu.

Une des plus douces satisfactions pour moi, Messieurs, a été de recueillir de ces observations de nouveaux aliments de foi, d'admiration et de reconnaissance envers l'auteur du *cèdre et de l'hysope, du ciron et du lion.*

Telles sont les pensées, Messieurs, qui ont présidé à ce modeste travail et qui me font ambitionner votre bienveillante indulgence pour une exposition sommaire de si précieux documents.

Dans le cas où la constatation des faits que

j'ai l'honneur de vous signaler viendrait seulement corroborer le faisceau de connaissances déjà fournies par une judicieuse expérience, vous voudrez bien faire la part de ma position, si dénuée de toute espèce de ressources scientifiques, dans un coin éloigné de l'Afrique septentrionale.

C'est dans cette attente, et dans l'espoir d'un accueil favorable à cet écrit, que j'ai l'honneur d'être, avec un profond respect,

Messieurs,

Votre très humble et très obéissant serviteur,

F. BERGÉ,

Ancien aumônier de l'Etablissement disciplinaire et de la Maison centrale de Lambessa (Algérie).

PHYSIOLOGIE NOUVELLE.

De la classification rationnelle du Lion.

PHYSIOLOGIE NOUVELLE

DE LA CLASSIFICATION RATIONNELLE DU LION

MESSIEURS,

Tous les naturalistes, après avoir classé le lion au sommet de la race féline (*felis leo*), ont plus ou moins altéré dans ce mammifère digitigrade le caractère dominant de sa véritable nature.

Entraînés presque irrésistiblement par les séductions de l'imagination que sa royauté de force, de puissance et de constitution physique inspire naturellement, la plupart des écrivains peu initiés aux études zoologiques, ont prêté au lion de nobles qualités, des instincts supérieurs à ceux de ses congénères, qu'une observation impartiale et sévère semble devoir lui refuser.

A part même tous les récits fabuleux et les scènes plus ou moins dramatiques des cirques romains où cet animal apparaît tant de fois rempli d'une magnanimité admirable et d'une docilité telle qu'on l'apprivoisait quelquefois au point de pouvoir l'atteler, il est encore dans l'opinion de certains esprits, fort érudits d'ailleurs, que le lion n'est pas pour ainsi dire un animal féroce.

Messieurs, nous devons croire, et il nous est

permis d'affirmer le contraire, par la raison même de la race dont il est le type le plus complet.

Le lion est de la même famille que le tigre et le léopard, la panthère et le jaguar; il en a tous les instincts et les appétits, toutes les ruses et les allures, il en a toute la tyrannie; mais, comme plus puissamment développé, il a peut-être dans la sphère de sa domination, moins de bassesse dans l'emploi de sa force.

Il répugnait à beaucoup de naturalistes, sans doute, de donner au roi des animaux les instincts sanguinaires et pervers du tigre.

En contemplant la majesté de sa démarche presque toujours triomphante et de son regard fier et pénétrant, ils voulaient l'absoudre de l'anathème porté contre sa famille; mais en dépit de leur généreuse protection, le lion n'est ni plus ni moins qu'un *vrai chat, élevé à la première puissance de l'organisation animale et de la force physique.*

Cette vérité, Messieurs, ressortira, j'espère, pour conclusion scientifique des esquisses succinctes que j'ai l'honneur de vous offrir sur les mœurs particulières du roi des grands félins, inconnu dans sa vie solitaire et peut-être moins apprécié encore dans la source de sa généalogie.

Ici, Messieurs, tout ce qui peut affaiblir ou dénaturer la simple vérité sera dérobé à vos regards; je ne vous exposerai que les mœurs du lion étudiées dans leur action naturelle, sans contrainte et sans obstacle dans la libre étendue des vastes forêts et des déserts immenses, où, dans des plans de destruction continuelle et de ravages exercés au loin, terribles et redoutés passent ses jours.

En accueillant mes observations, vous ne consignerez que le vrai, sans mélange aucun d'intérêt comme sans influence aucune de vues personnelles.

Une erreur à vos yeux, Messieurs, est une chose justement condamnable, puisqu'elle interrompt cette magnifique continuité d'enrichissements qui est l'objet de vos veilles constantes et de vos consciencieux labeurs.

C'est uniquement sous l'empire de ces considérations, que je me suis permis de tracer à la hâte ces quelques lignes sans d'autre couleur que celle de la vérité, dans les monts de l'Aurès (frontières du Sahara), pour oser les soumettre à la haute perspicacité de vos scientifiques appréciations.

DES MŒURS DU LION.

Aperçu général.

DES MŒURS DU LION

APERÇU GÉNÉRAL

« Les mœurs des animaux sont des habitudes par laquelle les divers animaux signalent leur existence, soit dans leurs rapports avec les autres classes, les autres individus de la même espèce, soit avec les circonstances qui les environnent.

» Ces habitudes sont toujours le résultat de l'organisation ; elles se modifient, lorsque cette organisation éprouve elle-même des modifications et changent surtout avec les climats et les différents états dans lesquels l'individu se trouve normalement placé.

» Mais une des causes les plus puissantes qui agissent sur leurs mœurs c'est l'état d'indépendance envers l'homme, dans lequel tous sont nés, et l'état de domesticité dans lequel nous en avons soumis un si grand nombre.

» La privation de la liberté à laquelle on soumet les animaux dans nos ménageries, non seulement change leurs habitudes, mais réagit bien vite et avec une grande puissance sur leur organisation. »

Les célèbres naturalistes du dernier siècle qui ont écrit sur le lion ont tracé sans doute de magnifiques pages, mais, à coup sûr, elles sont loin d'avoir fait un portrait fidèle et complet du roi des animaux.

Des relations de voyageurs, des études dans une loge de captivité sont loin de suffire à l'étendue d'observations et de détails que réclame un tel sujet.

Il n'y a, à notre avis, qu'une seule condition pour donner sur le lion des renseignements aussi exacts qu'il est possible à la science de les désirer.

Cette condition, Messieurs, vous le pressentez déjà, c'est de le chasser avec tous les moyens que l'intelligence, la force, le courage et l'adresse peuvent fournir à l'homme assez dévoué et ami de la science pour se livrer à un exercice aussi actif et surtout aussi périlleux.

Nous n'hésitons pas à le dire hautement, il n'y a que la puissance attractive d'une vocation particulière ou l'influence d'un intérêt personnel qui puisse pousser l'homme à cette lutte prodigieuse d'une force si inférieure avec le roi de la force même, et permettre, par conséquent, de l'étudier libre de toute approche et de toute appréhension qui pourrait en bien de circonstances gêner la spontanéité de ses mouvements naturels.

Ier ARTICLE.

Des mœurs du Lion.

Ier ARTICLE

DES MŒURS DU LION (1)

Dans les monts de l'Aurès, Messieurs, le lion habite pendant le jour les grandes forêts, les hautes futaies garnies de broussailles épaisses, ce n'est que le soir qu'il en sort pour aller à la poursuite d'une pâture destinée à assouvir sa faim.

Il faut observer que sa marche n'a pas lieu

indifféremment à travers les taillis et les chemins quelconques tracés par la nature au sein des forêts. Il semble au contraire ne vouloir suivre que des sentiers pratiqués, où certains animaux se croient en sûreté, à l'abri des attaques inattendues de leurs mortels ennemis.

Ne serait-ce pas un indice probable, sinon certain, de la connaissance instinctive qu'il doit avoir que les rencontres d'animaux condamnés à satisfaire son appétit dévorant sont plus fréquentes dans les sentiers que dans les lieux écartés, où règne une plus calme mais plus dangereuse retraite?

En quittant son repaire isolé de toute habitation et de toute retraite de bête féroce pour venir à la recherche de sa proie, il est constant que le lion pousse des rugissements formidables, qui semblent annoncer le moment solennel de sa mise en campagne. Instants précieux qui doivent être aussitôt employés à déjouer l'approche de sa présence infailliblement dévastatrice.

Dès qu'il arrive près des tentes des douars, où il prétend et compte avoir large droit d'aubaine, il garde au contraire un silence absolu, calcule la marche de ses pas dont il a soin d'arrêter à l'avance la précipitation, tourne dans tous les sens sa tête intelligente et son regard soupçonneux..... C'est qu'il rêve à la proie qui va devenir sûrement sa victime...... Vous le voyez, Messieurs, ce roi n'est autre chose qu'un chat qui guette la souris.

Quand les chiens ont le flair du lion, sur-le-champ, ils font retentir l'air de leurs craintifs aboiements; alors, les Arabes effrayés se mettent à pousser des cris dans la direction que suivent les chiens furieux; mais le lion, en rusé tacticien, attend que ce premier éveil soit passé, et pendant quelque temps semble se détourner de sa première marche.

Aussitôt que le calme règne entièrement autour de lui, il reprend sa course interrompue, s'avance à pas de chat, et arrivé assez près des lieux où se trouvent quelquefois parqués des troupeaux, il franchit d'un bond des clôtures qui ont jusqu'à trois mètres d'élévation, s'empare d'un mouton, et ressaute aussitôt pour regagner, armé de son butin, sinon son repaire du moins des retraites paisibles.

Alors les Arabes, s'éveillant au bruit sourd produit par le saut du lion, raniment leurs chiens plus tremblants, plus timides que jamais; mais eux, peu enhardis, découragés presque, se pressent sous la tente, comme s'ils étaient eux-mêmes attaqués.....

Souvent, dans l'excès d'un courage excité par

les audacieuses déprédations de cet intrépide chasseur, ils se mettent sur ses traces, lancent des coups de fronde pour lui faire lâcher prise en exhalant des hauts cris de fureur, entremêlés parfois des épithètes injurieuses de juif, de chrétien, d'infidèle, etc, etc.....

Il arrive cependant qu'une grêle de pierres adroitement dirigées vient caresser par hasard la rude échine du rapace destructeur, sans qu'il se retourne et sans qu'il se préoccupe le moins du monde d'abandonner ce qu'il emporte avec une fière assurance et dont il est presque impossible de le faire se dessaisir.

Un mouton ou toute autre bête de même espèce, n'est du reste pas grand chose pour un repas de lion; aussi pour se repaître plus amplement a-t-il soin de faire immédiatement une visite intéressée au douar le plus proche.

Si dans cette nouvelle excursion, il est surpris dans la maraude, il fait payer bien chèrement la proie qu'il ne peut saisir, il met à mort tout ce qu'il n'a pas le temps d'emporter.

Souvent même, pour devenir possesseur d'un seul mouton, il en a saigné cinq ou six, sans la consolante perspective de pouvoir débarrasser le champ de carnage, preuve non équivoque de ses instincts féroces qu'on pourrait sans exagération qualifier de rage sanguinaire.

Vous le voyez, Messieurs, il s'en faut bien que le lion mange tout ce qu'il tue.

Souvent sa faim est apaisée, et s'il rencontre un troupeau, il égorge plusieurs animaux pour se donner la jouissance d'en boire le sang qu'il aspire avec une sorte de volupté : trait de ressemblance avec la panthère qui, comme dit Buffon, exerce encore ses cruautés, lors même qu'elle est pleinement rassasiée.

IIe ARTICLE.

Suite des mœurs du Lion.

IIe ARTICLE

SUITE DES MŒURS DU LION

Il est à remarquer, Messieurs, que le lion ne se détermine à s'emparer des bœufs ou des chevaux que lorsqu'il les voit égarés ou bien lorsque les Arabes les mènent paître dans les grands bois.

C'est alors que, prince impitoyable, il prélève d'exorbitants impôts en se livrant à d'horribles massacres.

Voici comment un témoin oculaire de ces scènes sanglantes le raconte :

« C'était au mois de mars 1859, à El-Mader :

» Au moment où les troupeaux redescendaient de la montagne pour rentrer au douar, ils furent assaillis sur un plateau par un lion énorme.

» L'animal traverse le troupeau et le coupe en deux en y répandant une affreuse confusion : moutons, chèvres, chevaux et mulets s'enfuient avec épouvante.

» Une moitié put regagner la plaine et échapper ainsi aux griffes terribles du destructeur; mais l'autre moitié, séparée par la manœuvre du lion, avait pris la fuite vers le sommet de la montagne, et le lendemain, quarante-cinq cadavres gisaient sur le terrain.

» En visitant le flanc de la montagne, je reconnus, indépendamment des traces de ce lion, celles d'une lionne et d'un jeune lionceau; évidemment, un seul lion n'eût pu suffire à une pareille boucherie. »

Quelques naturalistes ont prétendu, et avec eux d'autres savants adonnés dans leurs excursions à l'étude des mœurs des animaux, que le lion se retirait pendant le jour et établissait son repaire dans des trous presque inabordables ou dans les grottes de rocher.

Nous ne partageons pas cette opinion. Nous sommes parfaitement convaincu que la timidité inhérente à la nature de plusieurs de nos grands quadrupèdes n'appartient pas à celle de notre carnassier.

Nous-même nous l'avons vu, en plein soleil, se promener majestueusement au centre de ses domaines, sans que notre passage ait paru le moins du monde éveiller en lui aucun sentiment de terreur.

Par nous-même, nous avons pu nous assurer qu'il n'hésitait pas de rôder nuitamment autour du mur d'enceinte de nos vastes habitations.

Nous l'avons vu seul faire sa ronde et provoquer, dans ses ébats nocturnes, le qui-vive des sentinelles vigilantes et tant soit peu déconcertées.

La vérité sur ce fait, Messieurs, c'est que le lion confiant en sa force et en son courage ne redoute l'attaque d'aucun autre animal; aussi, sans précaution, sans méfiance, il va se livrer à son amour du repos dans le plus épais d'un taillis et toujours au plus haut sommet de la montagne.

C'est un roi qui se pose en vedette, et qui, des cimes élevées où il établit momentanément son empire, compte de l'œil au loin, avant de se délasser, les victimes nombreuses qui peuplent l'étendue de ses immenses possessions.

Lorsqu'il est complétement repu, il va choisir un lieu tranquille dans une touffe bien fourrée, où il dort d'un profond sommeil.

Si alors on pouvait le suivre à la trace, et pénétrer assez près de lui sans faire du bruit en écartant ou en rompant des branchages qu'il faut traverser, il serait assez facile de lui faire une blessure mortelle, mais il est extrêmement difficile de parvenir, sans troubler son repos, jusqu'à ce gîte privilégié, où il s'est dérobé à tout regard pour y dormir dans une parfaite sécurité, à l'abri des investigations de l'homme, son intelligent et redoutable ennemi, et presque toujours son unique adversaire.

IIIe ARTICLE

IIIe ARTICLE

Je me permets d'attirer votre attention, Messieurs, sur un fait extraordinaire qui méritera l'examen de la haute science.

Il est facile de constater que le lion n'absorbe pas seulement pour nourriture les proies qu'il a dévorées dans ses courses aventureuses, il mange en outre une certaine quantité de terre glaise et de diss (2).

Reste à découvrir si c'est comme substance

nutritive ou comme auxiliaire puissant d'une digestion laborieuse?

Il est certain que l'on trouve dans ses repaires des matières pancréatiques, vomies par l'animal, et dans lesquelles il est facile de distinguer le diss dans une certaine proportion.

Nous sommes porté à supposer, d'accord en cela avec un célèbre observateur, que l'estomac du lion, n'étant pas conformé pour hâter aisément la digestion des herbages, cette double absorption pourrait avoir pour but de dégager l'organe digestif, embarrassé quelquefois dans ses fonctions par la présence de quelque corps, étranger au but final de l'alimentation, ou d'une certaine quantité d'humeurs fournies en trop grande abondance par les organes sécréteurs.

La science s'intéressera sans doute à ce fait

physiologique rare, dont les auteurs n'ont point encore parlé, même dans leurs aperçus les plus variés sur cette matière, qui ouvre un champ des plus vastes aux plus sérieuses observations zoologiques.

Maintenant, Messieurs, je vais prendre la liberté de vous exposer d'autres faits non moins dignes d'importance.

Et d'abord, au sujet de la propagation :

Vous aurez à remarquer, Messieurs, qu'il existe dans la population léonine beaucoup plus de lionnes que de lions.

C'est que, Messieurs, à l'époque du rut, lorsque la lionne appelle par les cris ardents de son amour les caresses brûlantes du mâle, il arrive quelquefois que des jeunes lions, attirés par ces rugissements provocateurs ont devancé dans les premières explosions de leur ardeur génésique, le royal prétendant, rival incontestablement plus vigoureux que ses concurrents.

Les jeunes lions ne veulent néanmoins céder leur place à aucun maître. De là, un combat à outrance, inévitable, dans lequel succombe naturellement le plus jeune comme le plus faible, quand deux ou plusieurs ne périssent pas victimes de la jalousie frénétique du plus fort.

La raison du plus fort est toujours la meilleure.

Cette disproportion qui existe entre les deux sexes avait été signalée par plusieurs naturalistes, mais elle était restée inexpliquée.

Vous remarquerez en second lieu, Messieurs, que le lion est souvent malade, c'est un fait à observer, principalement dans les premiers jours de la pleine lune. C'est l'époque où il pousse les rugissements les plus fréquents et où il garde obstinément la profonde solitude des forêts.

Cette crise est d'ordinaire de quatre ou cinq jours, après lesquels il se sent animé d'une vigueur nouvelle pour se remettre en campagne et recommencer le cours glorieux de ses fructueuses explorations.

IVe ARTICLE

IVe ARTICLE

Plusieurs touristes adonnés par goût ou par état à l'étude particulière de certaines branches de l'histoire naturelle, ont osé prétendre que le lion, bien plus agile, bien plus puissant et plus confiant en ses forces, éprouvait néanmoins une certaine frayeur à la vue des chameaux qui composent, en grande partie, la population flottante de nos tribus sahariennes et de nos caravanes.

C'est une erreur qu'il est facile de détruire

par les relations des chasseurs renommés du jour.

Pour donner de l'exactitude à cette assertion et prouver que cet animal si précieux n'échappe pas toujours à la dent du lion, et que celui-ci n'appréhende en rien son approche, voici ce dont un chasseur distingué par ses observations et que j'ai déjà eu occasion de citer, fut témoin dans une circonstance.

Dans une de ses explorations, étant arrivé un jour entre la Fontaine-Chaude et El-Mader, il y trouva quatre chameaux d'une caravane qui y passait, égorgés par le lion.

Combien de fois dans nos excursions lointaines, nécessitées par les exigences de notre position, n'avons-nous pas trouvé des indigènes désolés, émigrants du Sahara aux contrées rapprochées du littoral ! Interrogés sur le sujet du mécontentement qu'ils nous manifestaient par leur stupéfaction, ils s'empressaient, pour toute réponse, de déplorer par des menaces vengeresses la perte irréparable de plusieurs chameaux que leur avait enlevé le sultan des bois voisins.

Ces attaques imprévues, dont les Arabes ne peuvent presque jamais se défendre, sont d'autant plus regrettables que la perte d'un chameau est évaluée ordinairement au prix moyen ne 4 ou 500 francs.

Observez, Messieurs, cette particularité sur les habitudes de cet animal, que souvent après avoir mis à mort un chameau, un bœuf, un cheval ou un mulet, etc., etc., et s'en être rassasié, il ne revient plus à ces proies morcelées, à moins que n'ayant pu en faire de nouvelles, la faim ne l'y contraigne absolument.

Dans ce dernier cas, on peut le guetter près de ces débris et s'en servir comme appât pendant quatre ou cinq nuits.

Si dans cet intervalle, vous ne le voyez pas revenir, soyez sûr qu'il a fait bonne chasse ailleurs.

Du reste, il est permis de le constater de nouveau, le lion mange rarement la chair qui commence à se corrompre et moins encore la chair des animaux qu'il n'a pas tués lui-même.

Ce qui nous porte naturellement à supposer que cet animal doit avoir une certaine confiance en la noblesse de son origine, sans toutefois nous empêcher de reconnaître en lui de féroces instincts et de le placer, à la satisfaction des uns et des autres, à un des rangs les plus élevés dans l'échelle de la création.

Nous l'avons, au début de ce mémoire, défini ainsi : *le lion est un vrai chat élevé à la première puissance de l'organisation animale et de la force physique.*

Définition qui semble avoir une analogie frappante avec celle d'un de nos plus illustres naturalistes et écrivains du dernier siècle :

« Le lion est le plus beau de tous les animaux féroces. »

CONCLUSION

CONCLUSION

De tous ces faits qu'on aurait pu multiplier, mais qui auraient pu se présenter facilement avec plus ou moins de nuances de similitude,

Vous concluerez, Messieurs, d'abord :

1° Que les mœurs du lion sont loin d'être entièrement connues ;

2° Que certains naturalistes ont écrit souvent ou des exagérations ou des faits supposés;

3° Qu'il importe de ramener tous les faits qui

se rattachent à ce sujet à une analyse vraie et digne de la science;

4° Qu'enfin, le lion étant après l'homme la créature que Dieu semble avoir placé à la première échelle des êtres, il mérite, à tous les titres, une étude sérieuse qui le fasse connaître tel qu'il est, avec ses passions, ses qualités, s'il en a, ses vices et ses défauts.

Ce Mémoire, Messieurs, s'il n'avait d'autre mérite que celui d'être véridique et désintéressé, serait encore digne du bon accueil de votre illustre corps.

Mais nous croyons qu'il a aussi l'avantage d'un à-propos.

Depuis quelque temps, l'Algérie s'agite sous de nouvelles impulsions qui tendent à élargir la sphère de son activité intellectuelle et matérielle.

Si ces quelques observations répondent, à quelque point de vue qu'on puisse les envisager, à ce mouvement d'un progrès que tout semble appeler en sa faveur,

Nous nous estimerons heureux, Messieurs, d'y avoir apporté l'humble tribut de nos faibles efforts.

F. BERGÉ
Prêtre
des missions d'Afrique.

DE LA CHASSE AU LION

Au point de vue de la colonisation.

DE LA CHASSE AU LION

AU POINT DE VUE DE LA COLONISATION

SIMPLE RÉSUMÉ

MESSIEURS,

Ce Mémoire fût resté incomplet, si aux services qu'il s'est proposé de rendre aux sciences naturelles, il n'eût pas ajouté ceux qu'il peut comporter sur la colonisation.

Il vous paraîtra donc logique qu'il touche à cette question, non sans doute avec le talent d'un économiste, mais avec toute la bonne volonté d'un observateur algérien, à être utile, dans la mesure de ses forces, à notre conquête.

Au premier coup d'œil, vous découvrez, Messieurs, de quelle importance est la destruction d'un ennemi si puissant que le lion, à la paix et à la sécurité des établissements des colons français, aussi bien qu'à la tranquilité des nombreuses tribus que notre intérêt doit protéger et maintenir dans de bonnes relations avec nous.

Or, les ravages qu'exerce un seul lion sont tels, qu'ils peuvent réduire des tribus entières à la misère, à la famine et les contraindre finalement à s'éloigner sans retour, et à abandonner quelquefois jusqu'aux cultures les plus urgentes et les plus chères.

Parlerai-je de tant d'autres malheurs dont il est bien souvent la cause?

Vous dirai-je toutes les angoisses de pauvres familles qui ont à pleurer le déchirement, par ses griffes horribles, d'un enfant écarté seulement de quelques pas de sa tente, d'un cheval, d'une jument, d'un chameau, le soutien indispensable de leurs courses et de leurs travaux; d'une vache laitière, de quelques chèvres qui les nourrissaient et les vêtissaient, et de leurs dépouilles servaient à fabriquer leur maison ambulante (3).

Oui, sans doute, si l'on estimait en Afrique toutes les pertes et les dommages dont le lion est l'auteur, on arriverait incontestablement à un chiffre trop élevé pour qu'il n'appelât point de sérieuses réflexions.

D'ailleurs, Messieurs, une terre où gronde constamment le rugissement du lion ne saurait avoir de cultivateùrs dévoués, ne recevra pas l'étendue de culture dont elle est susceptible, et sera toujours bien loin des produits qu'elle pourrait donner.

Il en résulte donc, Messieurs, que la destruction du lion est d'une haute importance pour la colonisation dans toute la proximité de l'Aurès et de bien d'autres lieux aussi pitoyablement dévastés, surtout dans la province de Constantine et dans des parties presque limitrophes de la Régence de Tunis.

Il est assez naturel que malgré la fertilité bien reconnue de certaines plaines, les colons hésitent à s'y fixer, dans la crainte des déprédations inévitables de ce féroce dévastateur. De là, une diminution notable de productions d'une terre condamnée à rester sans culture.

Il est évident que le lion coûte plus cher à

l'Afrique qu'il ne produit de bénéfices à celui qui le tue.

Ce ne pourrait jamais être une spéculation personnelle, Messieurs, que la chasse au lion, et c'est pourquoi vous devez trouver sans doute qu'il est beau à un homme d'affronter la mort chaque jour, en provoquant au plus formidable duel le plus formidable des animaux (4).

Il faut nécessairement conclure de toutes ces observations, que les intérêts de la colonisation, dans plusieurs contrées de notre possession africaine, sont fortement liés à la chasse au lion, et que cet exercice, si profitable aux connaissances zoologiques, mérite un autre examen que celui d'un applaudissement.

Vous, Messieurs, les plus justes et les plus compétents des arbitres sur cette matière, vous avez droit de suprématie pour décider cette question d'une manière aussi honorable pour ceux qui la favorisent, qu'avantageuse à l'avenir de la colonisation.

L'honneur vous en reviendra, Messieurs, et le profit à la France, cette mère-patrie, dont vous êtes le plus bel ornement et les fils les plus dévoués à tous les intérêts inséparables du progrès réel de la civilisation.

— FIN —

APPENDICE

Le récit forcément rapide des faits qui ont dû se succéder sous notre plume expliquera les motifs qui nous ont engagé à livrer ces simples pages, sans ordre et sans enchaînement, au jour de la publicité.

Nous aurions bien voulu les annoter de certaines réflexions particulières, car nous n'ignorions point que toute question qui touche par quelque côté à la science de l'histoire naturelle, doit nécessairement, pour se trouver au niveau du progrès, produire le fruit de quelques fructueuses observations.

Mais est-ce bien le lieu et le moment de surcharger un si court Mémoire d'amples détails et d'appréciations personnelles?

Nous ne le pensons point, et voilà une des causes principales de notre abstention.

Nous avons essayé d'ébaucher à grands traits le portrait du roi des animaux, uniquement sous les couleurs de la férocité instinctive qui le caractérise, sans chercher à lui ravir ce qu'on se plaît généralement à lui accorder de générosité et de noblesse.

Est-il donc vrai de dire que sa nature entière se trouve

complétement dépeinte dans la description laconique que nous venons d'en faire? Non, certainement.

Il semblerait en effet que dans ce cas, le plan de la création aurait été indigne de son auteur, qui, dans toutes ses œuvres, a cherché sa plus grande gloire par l'intermédiaire de l'homme destiné à résumer dans sa perfection tout ce qui doit revenir à Dieu de la part des mondes, parce que tout, ici-bas, a été fait pour le chef-d'œuvre de ses mains.

Aussi, en semant l'univers de tant de merveilles, la Providence a-t-elle voulu faire ressortir aux yeux des esprits les moins clairvoyants, jusque dans la formation du plus petit comme du plus grand des êtres, les effets de sa bonté et de sa miséricorde, comme la sagesse et la magnificence de ses desseins. Toutes les créatures sont donc autant de témoins et de panégyristes de sa gloire et de sa puissance.

La supériorité de la raison de l'homme sur les instincts imperfectionnables de tous les êtres animés est incontestable.

Donc Dieu, en laissant tomber sur les créatures des rayons bien affaiblis de la grandeur incomparable de l'homme, a voulu seulement lui rémémorer, par la vue constante des sujets soumis à sa domination, que sa vie n'était point resserrée dans les limites étroites d'une organisation purement instinctive et matérielle, mais qu'elle devait s'agiter au contraire dans l'immense horizon d'une perfection constamment progressive, sous la double influence du soleil de la grâce divine et du don incomparable de la liberté.

Cette communication, manifestée sans détour, dégage notre silence suspecté, de l'ombre même du mystère.

NOTES EXPLICATIVES

(1) Nous ne voulons point parler ici du lion Puma (lion du Chili), ainsi nommé par les naturels du pays et que les Espagnols de l'Amérique désignent tout simplement par le nom de lion.

D'après plusieurs naturalistes, les animaux appelés aussi lions, au Pérou, sont bien différents des lions qui habitent la partie septentrionale de l'Afrique, seuls étudiés dans ce Mémoire.

Ceux-ci parviennent, en général, à un développement de constitution complète; ceux-là, au contraire, se ressentent presque de tout point d'une race dégénérée. Leur tête tient de celle du loup et de celle du tigre ; ils ont la queue plus petite que l'un et l'autre. A leur aspect farouche, on croirait reconnaître des rois, mais des rois dépouillés de leur majesté, qui aspirent par leurs rapines et leurs dévastations à la conquête d'une royauté à laquelle ils ne sauraient atteindre.

Nous n'étudions point non plus ici le lion de l'Afrique centrale et méridionale, mais bien celui qui habite le nord de l'Afrique et qui est appelé lion de Numidie par les chasseurs.

Cette race se divise en trois espèces bien distinctes, caractérisées par leur couleur :

Le lion de couleur fauve, considéré comme le plus grand ;

Le lion noir, plus gros et plus court, et de plus, inférieur en taille ;

Enfin, le lion gris, dont la taille diffère des deux espèces précédentes.

Nous donnons ici une description de ce grand quadrupède par un naturaliste arabe.

Voici comment *Kazouïni,* dans son livre intitule : *Adjaïb el Makloukat,* définit le lion :

« Le lion est le plus fort, le plus audacieux et le plus re-
» doutable de tous les animaux ; il n'existe pas dans la créa-
» tion entière un être qui présente un aspect plus terrible.
» Dieu lui a donné en partage une tête énorme, une face ar-
» rondie, des mâchoires larges, des ongles aussi aigus que
» ses dents, des avant-bras musculeux, un poitrail développé
» et un train de derrière dégagé.

» Sa voix est d'une puissance étonnante. Nul animal ne
» peut lui résister en face. »

Dameïri, autre écrivain musulman, qui vivait au huitième siècle de l'hégire, a composé une histoire des animaux.

Cet ouvrage est rempli de notices entremêlées de digressions sans nombre, et renferme des croyancesqui ne sont plus en vigueur aujourd'hui.

Nous n'avons pas cru utile d'en relater ici aucun extrait, à cause de l'empreinte visible de l'exagération et de l'invraisemblance dont il porte les traits, au point de vue surtout de la science moderne.

(2) Le diss est une espèce d'herbe à deux tranchants, que les Arabes vont faucher dans les bois pour donner en nourriture à leurs bestiaux et qui conserve en toute saison la fraîcheur de la verdure.

Il ne faut pas confondre cette plante avec l'orobanche du genre des dicotylédones à épi terminal, que l'on trouve rarement dans les forêts. Surnommée vulgairement *herbe du lion*, elle semble être appelée à acquérir un développement plus considérable dans les pays tempérés que dans les pays chauds, où règne une plus grande force de végétation.

(3) Les lions font de terribles ravages. J'ai cru devoir établir ici, d'après des données certaines, une évaluation approximative des déprédations causées dans les parages fréquentés par ces inplacables dévastateurs.

Nous ne craignons pas de dire que ces animaux prélèvent de plus lourdes rétributions que l'Etat ne perçoit d'impôts sur les Arabes tributaires.

On peut assurer, en toute vérité, qu'en moyenne, le lion

mange ou tue journellement un mouton qu'on peut évaluer à 12 francs, soit pour l'année. . . . . . 4,380 fr.

Il détruit bien en outre, par mois, un bœuf valant 50 fr. . . . . 600 fr.

Plus, tous les deux mois, un cheval et un mulet, soit. . . . . 2,400 fr.

J. Chassaing affirme l'avoir vu dévorer des juments de race qui valaient de 15 à 1800 francs, sans compter les chameaux qui sont assez fréquemment victimes du lion, quand les Arabes les mènent paître dans les bois, ou bien encore à la saison des migrations sahariennes.

Ce qui donne pour un lion et pour une année un total de déprédations s'élevant au chiffre de 7,380 fr.

Et voilà comment, dans bien des circonstances, une tribu se voit tomber en ruine et contrainte à vendre tout le reste de ses troupeaux pour satisfaire à ses impositions, qui, dès-lors, deviennent presque insupportables, tant elles sont onéreuses!

La race chevaline, qui est, en grande partie, la source la plus riche de la fortune de l'Arabe, n'a pas d'ennemis plus redoutables que les griffes du lion.

La France a trop d'intérêt à l'étude de cette question pour que ces quelques considérations passent inaperçues des hommes préposés à la garde de son bien-être et au progrès de la colonisation.

(4) Nous nous permettons d'extraire du journal l'*Africain* de Constantine (janvier 1860), un court article que nous inspira

à cette époque le combat mémorable que livra Jacques Chassaing de Batna, à une des plus terribles lionnes de l'Aurès.

Jacques Chassaing, l'intrépide tueur de lions, dans la nuit du 31 décembre au 1er janvier, a eu à soutenir, dans les forêts voisines de Lambessa, une lutte acharnée avec une lionne, frappée à deux reprises différentes de deux coups qui devaient lui donner la mort. Mère de deux petits âgés de trois mois environ, elle a rassemblé, par la seule énergie de son instinct maternel, toutes les forces que la nature lui a départies pour la conservation de sa progéniture.

Traqué par l'habile chasseur dans les coins et recoins touffus des broussailles et des taillis protecteurs autrefois de sa retraite, l'animal éperdu a en vain cherché un refuge tranquille où il pourrait donner à ses profondes blessures le temps de se cicatriser. C'en était fait de ses jours; il a dû tenter, dans sa royale fureur, les derniers efforts d'une vengeance impuissante désormais. En effet, l'inexorable agresseur, sans redouter l'effroyable vis-à-vis de son lutteur terrible, a attendu avec calme et sang-froid l'adversaire irrité qui, dans une suprême résistance, venait le provoquer au plus formidable des duels. C'était au moins une vie qui était en jeu. Oser dire que c'est sans sourciller que cette rencontre a eu lieu, ce serait exagérer les forces naturelles données par Dieu à l'homme, et qui ne lui permettent pas d'envisager un rival si puissant sans un frémissement involontaire, que bien peu d'hommes, même sur le champ de bataille, en présence d'ennemis moins redoutables, ne peuvent s'empêcher de subir. Le rapprochement décisif a eu lieu dans la solitude, en plein désert, à l'ombre des chênes, sans d'autre témoin que le seul regard de Dieu.

Nous trouvons là un acte de généreux courage, et nous sommes heureux du succès qui couronne l'infatigable dévouement de M. Chassaing. L'Hercule antique, vainqueur du lion néméen, se couvrait fièrement de sa dépouille : M. Chassaing, plus simple et plus modeste dans tous ses triomphes, conserve à peine des souvenirs palpables de ses aventureuses expéditions ; c'est un acte de modestie dont nous devons lui tenir compte, puisque cette vertu est si rare de nos jours.

Pour notre part, nous saisissons volontiers l'occasion de lui témoigner par ces deux mots de publicité, pour nous et les indigènes de nos contrées, notre vive et sincère reconnaissance.

F. B.

TABLE DES MATIÈRES